BEI GRIN MACHT SICH IHR
WISSEN BEZAHLT

- Wir veröffentlichen Ihre Hausarbeit,
  Bachelor- und Masterarbeit

- Ihr eigenes eBook und Buch -
  weltweit in allen wichtigen Shops

- Verdienen Sie an jedem Verkauf

Jetzt bei www.GRIN.com hochladen
und kostenlos publizieren

Rodrigo Garcia

Paläoökologische Untersuchung der Lintforter Schichten anhand von Foraminiferen aus dem Rupel Nordwestdeutschlands

GRIN Verlag

Bibliografische Information der Deutschen Nationalbibliothek:

Die Deutsche Bibliothek verzeichnet diese Publikation in der Deutschen National-bibliografie; detaillierte bibliografische Daten sind im Internet über http://dnb.d-nb.de/ abrufbar.

Impressum:

Copyright © 2012 GRIN Verlag GmbH
Druck und Bindung: Books on Demand GmbH, Norderstedt Germany
ISBN: 978-3-656-95290-9

Dieses Buch bei GRIN:

http://www.grin.com/de/e-book/298830/palaeooekologische-untersuchung-der-lintforter-schichten-anhand-von-foraminiferen

Inhalt

Zusammenfassung

Nordwestdeutschland lag im Tertiär in einem Wechselbereich von Land und Meer. Dies macht diese Gegend zum interessantesten Ablagerungsraum des Tertiärs. In dieser Bachelorarbeit werden die Foraminiferenvergesellschaftungen des Unteren Oligozän untersucht. Die Proben dazu stammen aus einer Tongrube bei Dorsten. Durch die paläoökologischen Untersuchungen sollen die Kenntnisse über die Meeresverteilung und die ökologische Situation während des Rupels weiter präzisiert werden.

Einführung in die Foraminiferenkunde

Foraminiferen sind einzellige Organismen mit heterotrophem Stoffwechsel. Die meisten Formen erreichen eine Größe zwischen 0,1 und 1mm. Einige Großforaminiferen können aber auch größer als 10cm werden. Sie leben als Epi- oder Endobenthos in Meeren oder Lagunen. Einige Foraminiferen besitzen Algensymbionten, sogenannte Zooxanthellen. Einige leben als Zooplankton in der Wassersäule. Viele Foraminiferen bilden Gehäuse. Die Gehäuseformen reichen von primitiven, ungekammerten Röhren bis zu hochkomplexen Formen mit vielen Kammern. Abgesehen vom Prolokulus, der Anfangskammer, nehmen die Kammern von der ältesten zur jüngsten an Größe zu. Die Kammern werden durch Septen getrennt. Das Endoplasma kann durch Öffnungen in den Septen, sogenannte Foramini innerhalb des Gehäuses kommunizieren. Die letzte Kammer verfügt über eine oder mehrere Aperturen, über die Endo- und Ectoplasma kommunizieren können. Form und Lage der Apertur sind besonders wichtig für die taxonomische Einordnung. Bei Aperturen, die nicht an der letzten Kammer liegen, spricht man von Reliktaperturen.

Das Gehäuse kann aus verschiedenen Materialien bestehen und auf unterschiedliche Weise gebildet werden. Man unterscheidet vier verschiedene Gehäusebautypen: agglutiniert, hyalin-perforiert und calcitisch-imperforiert Gehäusen und aus Biopolymer. Genau genommen gibt es aber weitere Unterteilungen

Gehäuse aus Biopolymer

Diese Gehäuse bestehen zum Beispiel aus (Pseudo-)Chitin, Protein oder Polysachariden. Das Material wird von der Foraminifere selbst ausgeschieden. Solche Gehäuse bestehen in der Regel aus einer einzigen Kammer und haben sehr dünne Wände. Sie sind sehr leicht degradierbar und fossil kaum erhaltungsfähig. Einige dieser Formen agglutinieren

Fremdpartikel auf der Basislage aus Biopolymer. Dadurch werden die Biopolymere fossilisierbar impregniert.

Agglutinierte Gehäuse

Bei agglutinierten Gehäusen werden fremde Partikel mit sekrtetiertem Zement eingebaut. Als Baumaterial dienen häufig Quarzkörner, aber auch andere Minerale und Schalenbruchstücke von Diatomeen und anderen kalkschaligen Organismen werden verwendet. Die Selektion der Materialien ist typisch für die jeweilige Art. Selektiert wird vor allem nach Korngröße, Dichte und Oberflächenstruktur des Materials. Der Zement wird vom Ectoplasma ausgeschieden. Er besteht meist aus Kalziumkarbonat, selten aus Tektin oder anderen Materialien. Diese Gehäuse sind nicht durchscheinend und haben eine eher grobe Oberfläche.

Porzellania

Kalzitisch-imperforate Gehäuse werden vollständig von der Foraminifere sekretiert. Sie sind unter Auflicht weißlich opak. Im Durchlicht wirken sie eher elfenbeinfarben. Grund dafür ist eine Lage ungeregelter Kalzitkristalle in der Schale. Die Kristalle reflektieren aufgrund ihrer Anordnung auftreffendes Licht. Die Oberfläche ist sehr glatt und besitzt keine Poren. Möglich sind jedoch Pseudoporen, die nicht bis ins Innere reichen. Charakteristisch ist neben dem hohen Mg-Calcitgehalt auch die helle und homogene Färbung, die an Elfenbein oder Porzellan erinnert. Daher werde sie auch Porzellania genannt (MOORE, 1964).

Kalkig-perforierte Gehäuse

Kalkig-perforierte Gehäuse lassen sich in drei Gruppen unterteilen. Am häufigsten ist der radial-hyaline Typ. Dabei sind die Kalzitkristalle so angeordnet, dass die Längsseite senkrecht zur Außenwand steht. Daher werden auftreffende Lichtstrahlen nicht so stark reflektiert. Dies lässt sie in der Regel glasartig durchscheinend wirken. Mit zunehmender Dicke der Wandung und Größe der Poren verringert sich dieser Effekt. Durch die Poren kann Ecto- und Endoplasma korrespondieren. Bei granular-hyalinen Gehäusen liegen die Calcitkristalle schräg. Die Außenseite ist dadurch rauer. Dieser Bautyp ist selten. Beim lamellaren Bautyp befinden sich mehrere Lagen Calcitkristalle auf der organischen Basislage. Dieser Bautyp ist kaum durchsichtig (BELOW, 2012).

Mikrogranuläre Gehäuse

Das Gehäuse kann perforiert sein und besteht aus sehr feinkörnigem, eventuell sekretiertem Calcit in calcitischem Zement. Die Kalzitkristalle weisen keine Orientierung auf. Im Laufe der Entwicklung wird zunehmend mehr Zement und weniger Partikel verwendet. Dieser Bautyp ist auf die Unterordnung Fusulinina und das Paläozoikum beschränkt.

Die phylogenetische Einordnung der Foraminiferen ist nicht eindeutig geklärt. Man zählt sie zu den Protisten, denn sie sind einzellig und haben einen Zellkern. Innerhalb der Protisten zählt man sie zu den Protozoen, da sie über einen heterotrophen Stoffwechsel verfügen. Genauer zählt man sie zum Subphyum der Sarcodina im Phylum der Sarcomastigophora. Innerhalb der Überklasse Rhizopoda gehören sie zur Klasse Granuloreticulosa.

Geschichte der mikropaläontologischen Forschung

Die erste Beschreibung von Mikrofossilien stammt von Herodot und Strabo aus dem 5. beziehungsweise 1. Jahrhundert vor Christus. Strabo beschrieb Nummuliten aus dem eozänen Nummulitenkalk, die in den ägyptischen Pyramiden verbaut wurden und hielt sie für versteinerte Linsen.

Im Jahr 1546 veröffentlichte Gregorius Agricola in dem Werk „De natura fossilium" den Wissenstand seiner Zeit über Geologie und Mineralogie. Er definierte Fossilien allerdings noch als „alles aus dem Boden Herausgrabbare", also neben versteinerten Organismen auch Minerale und Gesteine. Der Niederländer Antoni van Leeuwenhoek war einer der ersten, der das Mikroskop dazu nutzte, für das unbewaffnete Auge unsichtbar kleine Objekte zu beobachten. Er perfektionierte das Mikroskop um 1670 soweit, dass es möglich war, Zellen und Bakterien zu erkennen und zu unterscheiden. Ein weiterer Mikroskopbauer, der Italiener Filippo Bonanni erkannte wahrscheinlich als erster den biogenen Ursprung der Kleinforaminiferengehäuse. Danach wurden Foraminiferen immer wieder zum Forschungsobjekt für Naturwissenschaftler, unter Anderem auch für Lamarck. Allerdings wurden sie nicht als eigene Gruppe erkannt, sondern zu anderen Tiergruppen gezählt, meist zu den Cephalopoden, seltener auch zu den Seeigeln und Korallen.

Der Begriff „Foraminifera" geht auf Alcide Dessalines d'Orbigny zurück, der gleichermaßen als Vater der Foraminiferenforschung als auch, neben Christian Gottfried Ehrenberg, als Vater der Mikropaläontologie gilt. In seinem Werk „Tableau methodique de la classe des cephalopodes" benennt er eine von drei Tiergruppen, die er für Cephalopoden hält, Foraminifera, was sich von Foramina (dt. Loch) und ferre (dt. tragen) ableitet. Denn im Gegensatz zu den Cephalopoden besitzen Foraminiferen keinen Sipho zwischen den Kammern, sondern ein Loch, durch das das Endoplasma zirkulieren kann. Er war es auch, der die Bedeutung von Foraminiferen als Leitfossilien erkannte und das erste wirkliche System aufstellte, das jedoch künstlich war, da sich nur auf die Morphologie bezog. Der Franzose Felix Dujardin erkannte 1853, dass Foraminiferen auf einer relativ niedrigen Evolutionsstufe stehen und daher nicht zu den Cephalopoden gehören können. Er erkannte auch als erster die Pseudopodien der Foraminiferen. August Emanuel Reuss beschrieb die Foraminiferen in seinen zahlreichen Werken sehr ausführlich, wobei er die Begriffe „Perforat" und „Imperforat" prägte, für Wandungen mit beziehungsweise ohne Poren. Maurier-Chalmas beschrieb 1880 als erster den Dimorphismus der Foraminiferengehäuse. 14 Jahre später erklärte Lister dies durch sexuell und asexuell entstandene Generationen (GÖKE, 1994).

Nach 1910 gelang es Cushman und Galloway die Aufteilung durch den Vergleich mit rezenten Foraminiferen feiner zu definieren.

1917 wurde die Mikropaläontologie zum ersten Mal benutzt um das Alter von Bohrkernen aus der Erdölexploration zu bestimmen. Dies ist auch heute noch gängige Praxis.

Durch die schwankende Sauerstoffisotopie dienen Foraminiferengehäuse heute auch zur Bestimmung von Temperatur und Salinität.

Bis 1980 wurden etwa 80.000 Foraminiferentaxa benannt. Vermutlich sind jedoch einige Taxa unter verschiedenen Namen mehrfach beschrieben (BELOW, 2012).

Geologischer Überblick

Das Profil stammt aus der Lintfort Subformation des Niederrheins. Sie ist die jüngste Subformation in der Rupelformation, die außerdem auch die Walsumer und Ratinger Subformation umfasst. Die Rupel Formation hat ein Alter von etwa 32 bis 28,8 Ma. Eine absolute Altersdatierung wurde noch nicht unternommen. Biostartigraphisch gehört sie in die Nannoplanktonzone (NP) 23 (MARTINI, 1971 nach Hiß, 2007).

Seit Beginn des Känozoikums lagen der Niederrhein und die Kölner Bucht im Wechselbereich von Land und Meer. Dies macht diese Gegend zu den interessantesten Ablagerungsräumen Deutschlands für diesen Zeitabschnitt. Seit dem späteren Paläozän dominieren unverfestigte Sande und Tone. Das Oligozän ist durch weite Meeresvorstöße geprägt, von Süden aus der Tethys und vor Allem aus Norden (SPIEGLER, 1966). Im Rupel war diese Region von einem flachen Epikontinentalmeer bedeckt. Die Ablagerungen sind rein marine sandige, schluffige Tone. Die Küstenlinie verlief etwa auf Höhe von Düsseldorf,

Jülich bis kurz vor Aachen. Das Nordmeer war über den Oberrheingraben mit dem tethialen Meeresbereich verbunden (GRABERT, 1998).

Durch die Grabenbildung, ausgelöst durch die Weitung des Atlantiks zwischen Grönland und Norwegen vertieft sich der Meeresboden zwischen den Britischen Inseln und Norwegen um über 1000m. Dadurch sinken große Teile der Niederrheinischen Bucht ab. Im frühen Oligozän

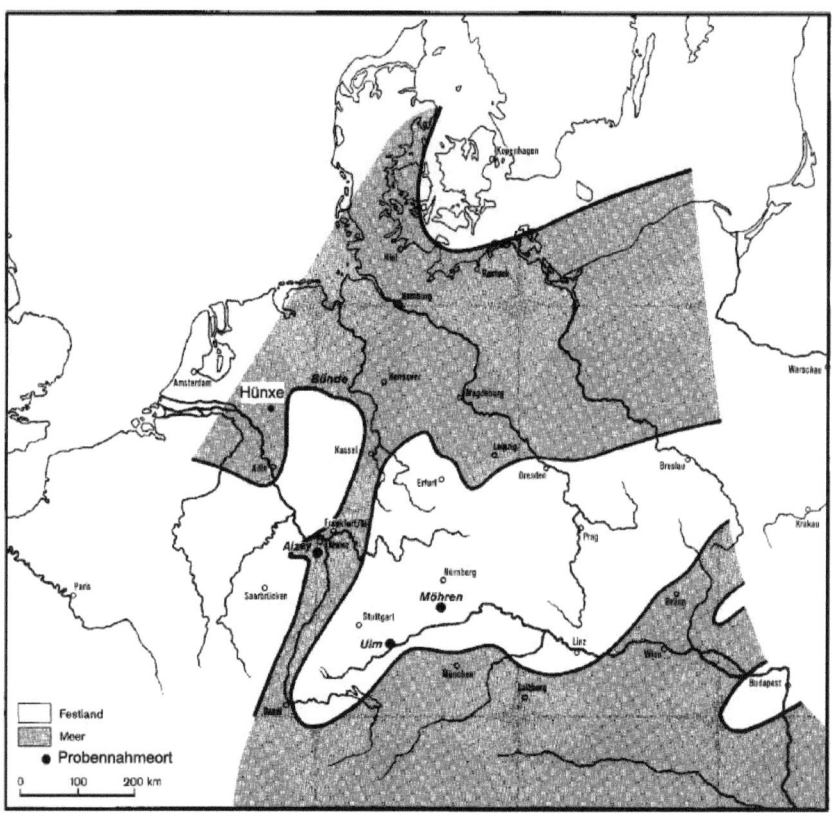

Abbildung 1: Vermutliche Verteilung von Land und Meer im Oligozän in Deutschland.
Quelle: http://tu-dresden.de/die_tu_dresden/fakultaeten/fakultaet_bauingenieurwesen/geotechnik/geologie/studiu m/vorlesungen/geologie/dateien/reggeol/abschnitt10.pdf
Abgerufen am: 26.12.2012, geändert.

sinkt zunächst der Nordwestteil der Niederrheinischen Bucht ein, wodurch mächtige Sedimente abgelagert werden. Die ältesten Ablagerungen aus dieser Zeit sind nur vereinzelt erhalten geblieben. Sie wurden zum Großteil aufgearbeitet, als die Nordsee weiter vorstieß. Später änderten sich die Ablagerungsbedingungen und es wurden im Ratinger Ton und in den unteren Lintforter Schichten stark tonige Schichten sedimentiert. Man nennt sie auch „Septarientone". Im späten Rupel und im Chatt verstärken sich die tektonischen Kräfte (Grabert, 1998).

Die Rupelformation hat eine besondere Fossilvergesellschaftung, die darauf zurückgeführt wird, dass kaltes, ozeanisches Tiefenwasser in das Epikontinentalmeer eindringt und einen Temperatursturz verursacht (Grabert, 1998). Das Wasser der Nordsee erreichte zu der Zeit sein Temperaturminimum im gesamten Tertiär. Es liegt im Durchschnitt bei etwa 5° C. Der Meeresspiegel lag etwa 150 Meter höher als heute und erreicht damit den höchsten Stand im Tertiär. Dennoch wird die maximale Transgression erst im Chat erreicht. Grund hierfür ist die zunehmende Absenkung des Niederrheinischen Beckens.

Profilbeschreibung

Ort der Probennahme ist etwa acht Kilometer östlich von Dorsten und 15 Kilometer nördlich von Bottrop. Hier werden Tone abgebaut, die zur Abdichtung von Deponien dienen. Die Proben wurden an der südöstlichen Wand genommen. Die Lintforter Schichten haben in dieser Grube eine Mächtigkeit von etwa 15 Metern.

Sie bestehen aus tonig-, sandigen Wechsellagerungen, wobei der Tongehalt in diesem Profil immer überwiegt. Die Schichten fallen leicht nach Süden ein. Bei dem Sediment handelt es sich:„um einen schwach sandigen, stark schluffigen Ton." (Klos & Schmidt, 2010) Man sieht dem Profil schon von weitem den schwankenden Tongehalt an, denn Schichten mit hohem Tongehalt trocknen schneller und bilden die hellgrauen, scherbig brechenden Abschnitte, während die Schichten mit niedrigerem Tongehalt noch feucht und dadurch dunkelgrau sind. Alle Schichten enthalten Glaukonitsande und Brauneisen. Das Material ist unverfestigt, sodass die Probennahme mit dem Spachtel erfolgen kann.

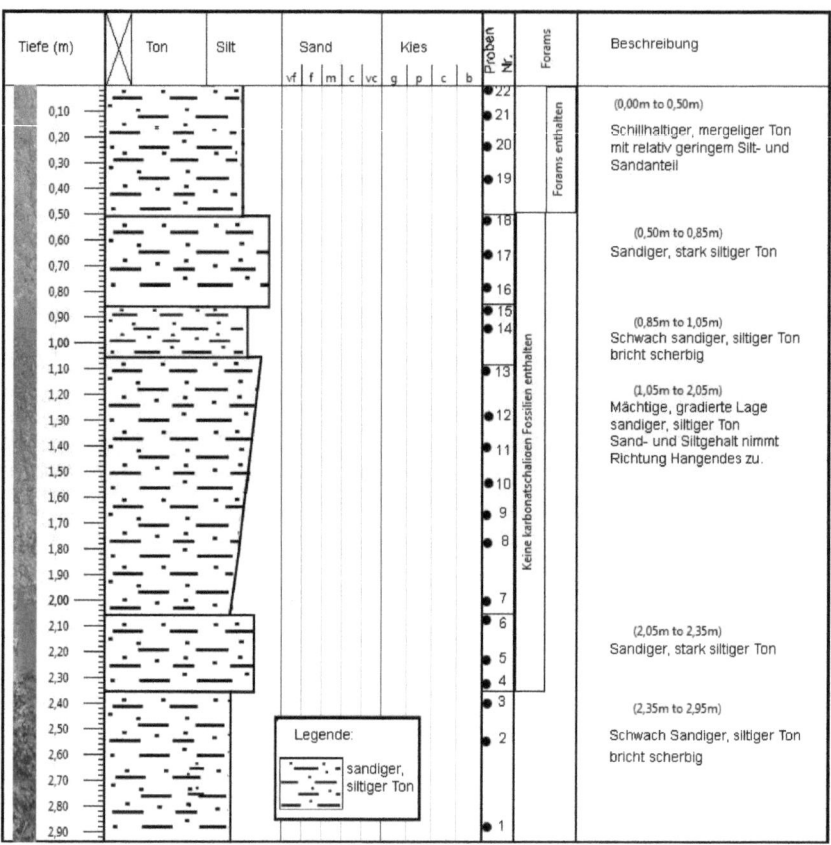

Abbildung 2: Profildarstellung, eigene Darstellung.

Das Profil beginnt im Hangenden etwa fünf Meter unter der Geländeoberkante mit einer Schicht aus siltigem, feinsandigem mergeligem Ton von etwa 50 cm Mächtigkeit. Der Tongehalt liegt, verglichen mit den anderen Schichten relativ hoch. Er ist hellgrau und bricht scherbig. Die Schicht unterscheidet sich von den darunterliegenden durch die Schillbestandteile, vermutlich von Gastropoden und Bivalven. Die Bruchstücke nehmen an Größe und Zahl vom Liegenden zum Hangenden zu.

Darunter folgt eine etwa 35 cm mächtige Schicht aus sandigem, siltigem Ton. Die Grenze dazwischen läuft sehr abrupt. Es sind mit bloßem Auge keine Fossilien erkennbar.

Im Liegenden folgt eine etwa 20 cm mächtige Schicht aus feinerem Ton. Er bricht scherbig. Auch hier sind mit bloßem Auge keine Fossilien erkennbar. Unter der Binokularen Lupe sind feine Schalenreste von carbonatschaligen Vielzellern. Sie zeigen Bohrspuren von Mikrobohrern.

Es folgt eine etwa einen Meter mächtige Schicht aus gradiertem Ton, dessen Silt- und Sandgehalt vom Liegenden zum Hangenden zunimmt.

Darunter folgt eine Schicht mit sandigem, stark siltigem Ton mit etwa 30 cm Mächtigkeit.

Abbildung 3: Foto der beprobten Wand, Quelle: eigene Darstellung.

Die Mächtigkeit der darunterliegenden Schicht lässt sich nicht bestimmen, da die Unterkante in diesem Profil nicht aufgeschlossen ist. Sie besteht aus dunkelgrauem Ton mit niedrigem Sand- und Siltanteil.

Abgesehen vom oberen Teil der obersten Schicht sind in den beprobten Schichten keine Makrofossilien zu erkennen. Beim Test mit Salzsäure zeigten diese Schichten kaum eine bis gar keine Reaktion. Dies deckt sich mit den Ergebnissen der Eignungsprüfung, die den Calciumcarbonatanteil mit 2,4% bis 9,7% bestimmt hat (Klos & Schmidt, 2010). Die Schichten zeigen keine Bioturbationsspuren.

Die beprobten Lintforter Schichten werden hier von hellen, saaleeiszeitlichen Sedimenten überdeckt. Es handelt sich dabei um etwa drei Meter mächtige, silt- und schluffreiche Lehmgeschiebe. Darunter liegt der Ratinger Ton mit je nach Lokalität stark schwankender Mächtigkeit. An dieser Lokalität reicht er bis 48 Meter unter Geländoberkante. Der Tongehalt liegt zwischen 60 und 70%. Er ist sehr dicht und gesteinsähnlich fest.

Darunter folgt der Walsumer Meeressand. Er besteht hauptsächlich aus Mittelsand mit Feinsand und Schluffanteilen. Er reicht bis etwa 62 Meter unter Geländeoberkante und ist die erste Einheit, die dem Tertiär zugerechnet wird (Vinman, 2012).

Im Liegenden folgt der Bottroper Mergel, der hier die jüngsten gesicherten kreidezeitlichen Ablagerungen bilden.

Probennahme

Entlang des etwa 3 m langen Profils werden 22 Proben genommen. Dabei werden die Proben nicht in regelmäßigen Abständen genommen, sondern dort, wo besonders markante Wandel in der Lithologie zu beobachten ist und damit auch in der Fossilvergesellschaftung zu erwarten ist. Nach dem Abtragen der potentiell kontaminierten Oberfläche werden von unten nach oben Proben mit dem Spatel ausgestochen. Dabei wurde darauf geachtet, dass die Proben möglichst geringmächtig sind, um time-averaging zu minimieren. Die Proben repräsentieren also einen kurzen zeitlichen Abschnitt.

Die Proben werden bei 35° C im Trockenschrank gelagert, bis sie bergtrocken sind. Jeweils 100g von jeder Probe werden unter dem Abzug mit 10%igem Wasserstoffperoxid versetzt um die Organik zu zerstören, die im Ton als eine Art Zement wirkt. Aufgrund des hohen Organikgehaltes müssen die Proben teilweise über 72 Stunden in der Flüssigkeit lagern. Die verdunstete Flüssigkeit wird durch 10%igen Wasserstoffperoxid ersetzt. Nachdem die Proben abreagiert haben, werden sie unter der Brause gesiebt. Hierbei sind die Maschenweiten 0,063mm und 0,036mm. Die Siebrückstände werden bei 35° C im Trockenschrank getrocknet. Die grobe Fraktion der Proben 4 bis 22 wurde unter der Binokularen Lupe betrachtet. Alle intakten Foraminiferengehäuse werden in Franke-Zellen sortiert. Zudem wurden alle Proben mit etwa 5% Vol. HCl beträufelt um den Carbonatgehalt abzuschätzen.

Phylogenetische Einordnung

Foraminiferida d'Orbigny, 1826

Klasse Rotalidia

Ordnung Globigerinida Delage & Hérouard, 1896

Überfamilie Globigerinacea Carpenter, Parker & Jones, 1862

Familie Globigerinidae Carpenter, Parker & Jones, 1862
Unterfamilie Globigerininae Carpenter, Parker & Jones, 1862

Gattung *Globigerina* d'Orbigny, 1826

Art *Globigerina bulloides* d´Orbigny, 1826

Sie zeigt die typische trochospirale Gehäuseform mit konvexer Spiralseite. Sichtbar sind von der Nabelseite aus nur die jüngsten vier der sieben bis acht Kammern. Die jüngeren Kammern sind aufgebläht bis kugelig. Die Anfangskammern sind flacher. Sie verfügt über eine einzige umbilikale, bogige Apertur. Die Oberfläche ist stark ornamentiert und besitzt viele, grobe Poren. Diese Art ist vor allem in subarktischen bis gemäßigten Regionen zu finden (GUPTA, 2002).

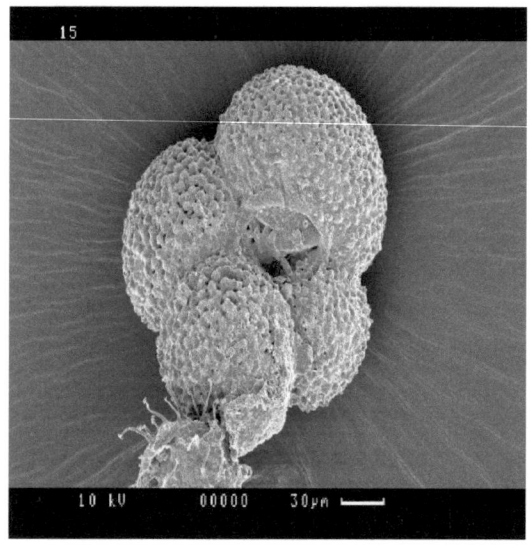

Abbildung 4: REM-Aufnahme einer *Globigerina bulloides* d'Orbigny, 1826, Quelle: eigene Darstellung.

Im Innern des Gehäuses (s. Abbildung 4) hat sich sekundär Pyroxen oder Brauneisen gebildet. Am unteren Ende haftet eine Dinoflagelate an.

Überfamilie Globotruncanacea Brotzen, 1942 †

    Familie Globotruncanidae Brotzen, 1942 †

        Unterfamilie Globotruncanellinae Maslakova, 1964 †

            Gattung *Globotruncanella* Reiss, 1957 †

                Art *Globotruncanella havanensis* Voorwijk, 1937†

In der Probe wurde ein Exemplar einer Globotruncanella havanensis *Voorwijk, 1937* gefunden. Sie gehört zu der Familie der Globutruncanidae. Die Gehäuseform wird lose Planspiral genannt. Die Apertur liegt an der Stirnseite der letzten Kammer. Die Oberfläche ist stark ornamentiert und besitzt ähnlich viele Poren wie die Globigerina. Die Überfamilie Globotruncanacea (Brotzen, 1942) ist seit der Kreide/Paläogengrenze ausgestorben. Dieses Exemplar stammt daher wahrscheinlich aus aufgearbeiteten kreidezeitlichen Sedimenten.

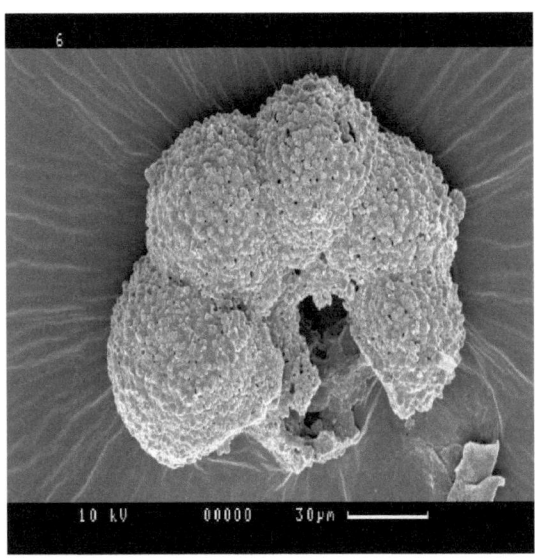

Abbildung 5: REM-Aufnahme einer *Globotruncanella havanensis* Voorwijk, 1937†,
Quelle: eigene Darstellung.

Ordnung Lagenida Delage & Hérouard, 1896

Überfamilie Nodosariacea Ehrenberg, 1838

Familie Nodosariidae Ehrenberg, 1838

Unterfamilie Nodosariinae Ehrenberg, 1838

Gattung *Nodosaria* Lamarck, 1812

In den Proben sind einige Nodosaria nachgewiesen worden. Allerdings ist das
Erhaltungsniveau sehr schlecht. Daher kann eine Einordnung auf Artenniveau nur an einem
einzigen Exemplar erfolgen. Es handelt sich um ein Bruchstück einer *Nodosaria hispida*
D'ORBIGNY, 1846. Es sind zwei Kammern erhalten. Zwischen den beiden kugeligen
Kammern sind die Nähte röhrenförmig verjüngt. Das Gehäuse ist rectilinear und dünnwandig.
Die Gehäusewand ist stark mit Pusteln und sehr kleinen Stacheln skulpturiert. Die
Verjüngung am rechten Bildrand (siehe Abbildung) ist entweder der Übergang zur nächsten
Kammer oder die Apertur der Foraminifere. BÖTEFÜR (2008) beschreibt die Apertur als „zu
einer Röhren ausgezogene, offen, mit Zähnchen".

13

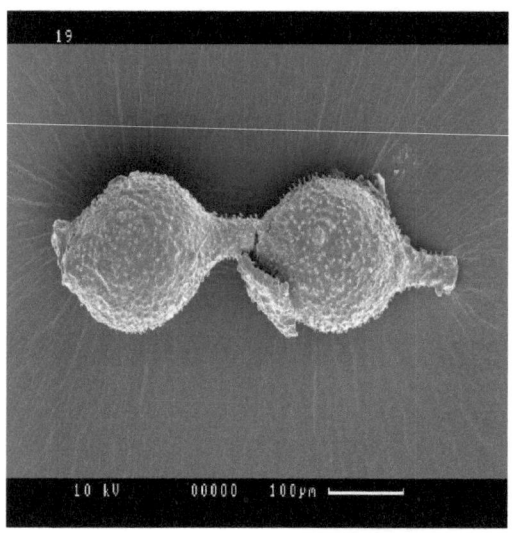

Abbildung 6: REM-Aufnahme einer *Nodosaria hispida* D'ORBIGNY, 1846,
Quelle: eigene Darstellung.

Familie Lagenidae Reuss, 1862

Gattung *Lagena* Walker & Jacob, 1798

Die Proben enthalten verschiedene Arten von Lagena. Allerding ist, wie bei den Nodosaria der Erhaltungszustand relativ schlecht. Nur ein Exemplar kann auf Artenniveau bestimmt werden. Es wurden auch andere, dickwandigere Formen gefunden. Außerdem enthält die Probe viele Bruchstücke, die nicht zweifelsfrei den Lagena zugeordnet werden können.

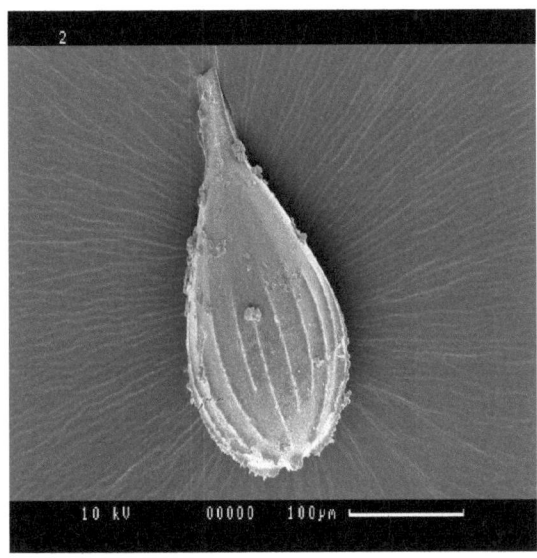

Abbildung 7: REM-Aufnahme einer *Lagena tenuis* Walker & Jacob, 1798,

Quelle: eigene Darstellung.

Diese Lagena tenuis (BORNEMANN, 1855) ist sehr dünnwandig. Das Gehäuse ist glatt und durchsichtig. Im Querschnitt ist sie rund. Die Form ist länglich-oval bis flaschenförmig. Zur Apertur wird sie kontinuierlich schlanker. Die Basis ist abgerundet. Zarte Rippen verlaufen von der Basis bis zur Hälfte der Länge. Einige Rippen beginnen basisferner, aber alle Rippen enden etwa auf der gleichen Höhe. Die Poren sind so fein, dass sie selbst in der REM-Aufnahme nur zu erahnen sind.

Familie Polymorphinidae d'Orbigny, 1839

Unterfamilie Polymorphininae d'Orbigny, 1839

Gattung *Globulina* d'Orbigny, 1839

Das Gehäuse hat eine sehr längliche, ovale Form und erinnert an ein Reiskorn. Der Querschnitt ist rund. Das Gehäuse besteht aus wenigen Kammern, deren Scheidewände etwa diagonal zu Längsachse verlaufen. Die Suturen sind nicht vertieft, wodurch sie in der REM-Aufnahme nicht sichtbar sind. Unter der Binokularen Lupe sind sie aber deutlich zu sehen.

Die Basis ist spitz zulaufend. Die Mündung ist abgeflacht. Die Apertur kann nicht beschrieben werden, da sie nicht erhalten ist.

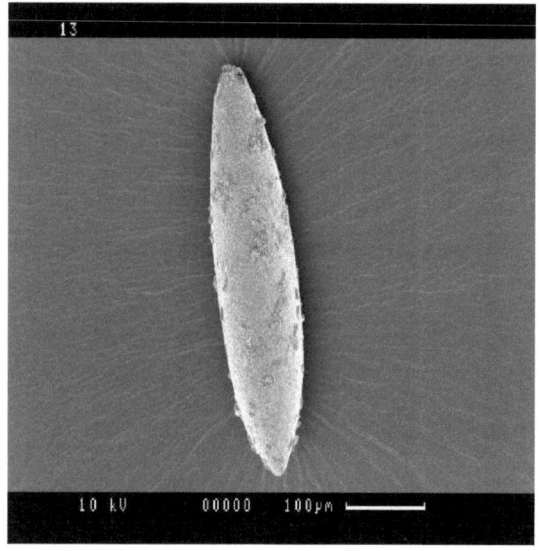

Abbildung 8: REM-Aufnahme einer *Globulina* d'Orbigny, 1839, Quelle: eigene Darstellung.

Ordnung Rotaliida Delage & Hérouard, 1896

Überfamilie Rotaliacea Ehrenberg, 1839

Familie Rotaliidae Ehrenberg, 1839

Unterfamilie Ammoniinae Saidova, 1981

Gattung *Ammonia* Brünnich, 1872

Ammonia sp.

Das Gehäuse ist schwach trochospiral. Auf der Umbilikalseite sind die Kammernähte gebogen und vertieft. Die Vertiefung nimmt in Richtung Peripherie ab. Bei Sicht auf die Umbilikalseite sind 8 bis 9 Kammern sichtbar, wobei die Trennung der älteren Kammern weniger deutlich wird. Die Umbilikalregion ist mit Dornen skulptiert, sodass die älteren Kammern nicht sichtbar sind. Die Oberfläche der Umbilikalseite ist rau und fein perforiert.

16

Die Spiralseite ist deutlich glatter. Die Apertur liegt als dünner Spalt an der Basis der Endkammer.

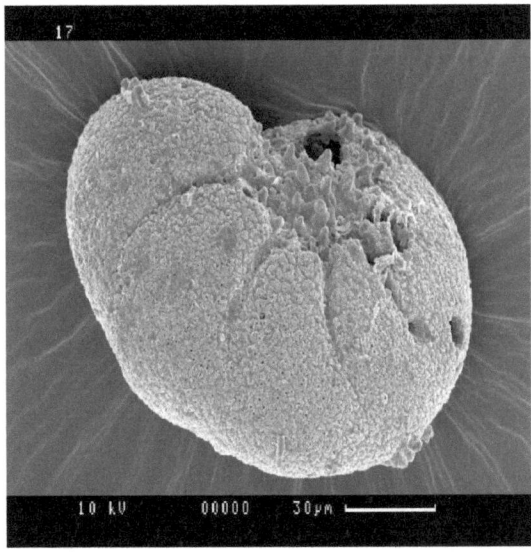

Abbildung 9: REM-Aufnahme einer *Ammonia sp.*, Quelle: eigene Darstellung.

Überfamilie Bolivinacea Glaessner, 1937

Familie Bolivinidae Glaessner, 1937

Gattung *Bolivina* d'Orbigny, 1839

Das Gehäuse ist biserial gekammert, langgestreckt-keilförmig. Der Querschnitt ist abgeflacht-oval. Die Suturen sind gering vertieft. Die proximalen Kammern zeigen leichte Rippung. Ansonsten ist die Oberfläche glatt und weist viele grobe Poren auf. Die Poren konzentrieren sich auf den proximalen Teil jeder Kammer.

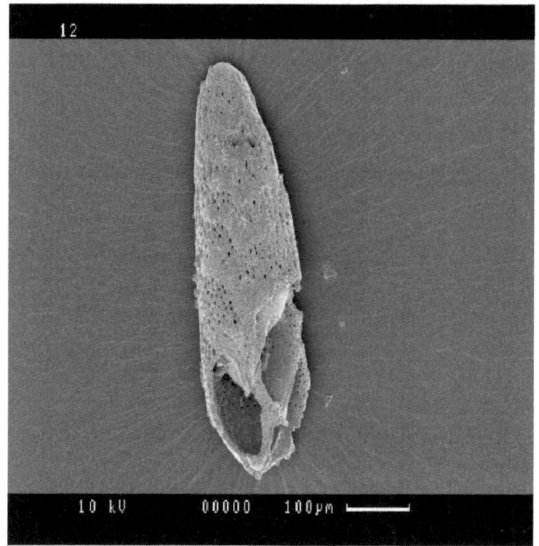

Abbildung 10: REM-Aufnahme einer *Bolivina* d'Orbigny, 1839, Quelle: eigene Darstellung.

Überfamilie Nonionacea Schultze, 1854

Familie Nonionidae Schultze, 1854

Unterfamilie Pulleniinae Schwager, 1877

Gattung *Pullenia* Parker & Jones, 1862

Art *Pullenia bulloides* (d'Orbigny), 1846

Pullenia bulloides (d'Orbigny), 1846 ist planspiral involut eingerollt. Es sind nur vier bis fünf Kammern der letzten Windung sichtbar. Die Suturen sind kaum vertieft. Der Querschnitt ist oval. Bei der in Abbildung 11 (links) abgebildeten Pullenia ist die Stirnseite abgebrochen, wodurch die Apertur als Merkmal fehlt. Unter dem Binokular hat sich bei dieser Art allerdings gezeigt, dass es die Apertur sowohl als schmaler Schlitz auf der Basis der letzten

Kammer von Pol zu Pol verlaufen kann, also auch als zentrale, eher ovale Apertur an der Stirnseite liegen kann. Die Wandung ist besonders dick. Die Oberfläche ist sehr glatt und es sind keine Poren sichtbar. Diese Merkmale lassen sie unter dem Binokular nichtdurchscheinend und weißlich wirken, sodass sie an Porzellania erinnern. In Abbildung 11 (recht) ist eine Pullenia bulloides zu sehen, die über sichtbare Poren verfügt. Grund hierfür kann sein, dass jüngere Stadien generell mehr Poren besitzen als ältere. (BELOW, 2012)

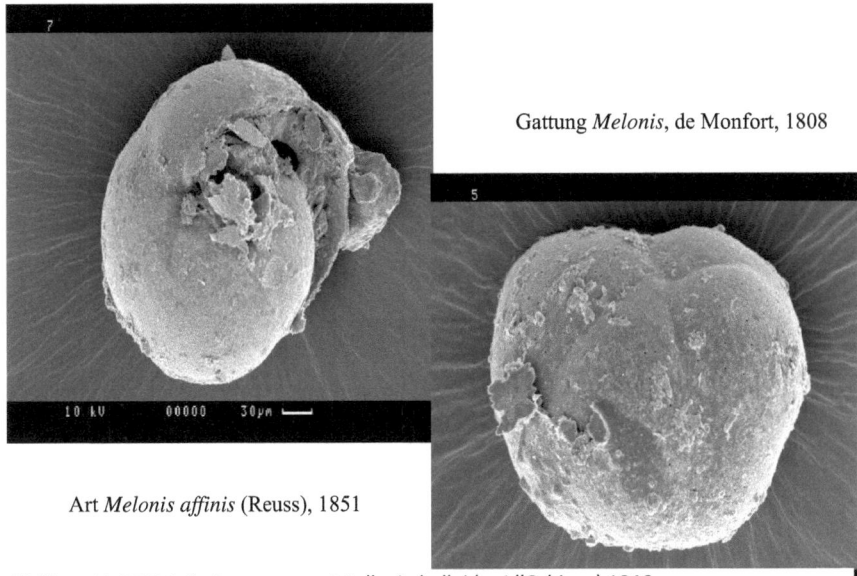

Gattung *Melonis*, de Monfort, 1808

Art *Melonis affinis* (Reuss), 1851

Abbildung 11: REM-Aufnahmen von zwei *Pullenia bulloides* (d'Orbigny) 1846, Quelle: eigene Darstellung.

Das Gehäuse ist planspiral involut bis convulut. Die Seiten sind biumbilikal mit stark vertieftem Nabel. Der Querschnitt ist oval und seitlich abgeflacht. Die Nähte zwischen den Kammern sind leicht vertieft. Die Oberfläche ist grob perforiert. In der letzten Windung sind etwa 8 bis 10 Kammern.

Art *Melonis pompilioides* Fichtel & Moll, 1798

Das Gehäuse ist planspiral involut bis convulut. Die Seiten sind biumbilikal mit vertieftem Nabel. Die Kammern der letzten Hälfte der letzten Windung nehmen deutlich an Breite zu, sodass die letzte Kammer deutlich hervorsteht. Die Oberfläche ist sehr glatt, fein perforiert und wirkt dicht. Sie hat etwa 10 Kammern in der letzten Windung.

Überfamilie Chilostomellacea Brady, 1881

Familie Gavelinellidae Hofker, 1956

Unterfamilie Gavelinellinae Hofker, 1956

Gattung *Gyroidina* d'Orbigny, 1826

Art *Gyroidina bulimoides* (Reuss,1851)

Das Gehäuse ist zu einer hohen Spirale mit 3 bis 4 Windungen gewunden. Die Nähte zwischen den Kammern und zwischen den Windungen sind deutlich vertieft. Die letzte Kammer ist meist kugeliger und deutlich größer als die restlichen Kammern. An der Basalseite der letzten Kammer ist die Mündung in Form eines breiten Bogens. Die Oberfläche ist glatt und mit sehr feinen Poren überzogen, die gleichmäßig verteilt sind.

Diese Art tritt in den Proben häufig bis sehr häufig auf.

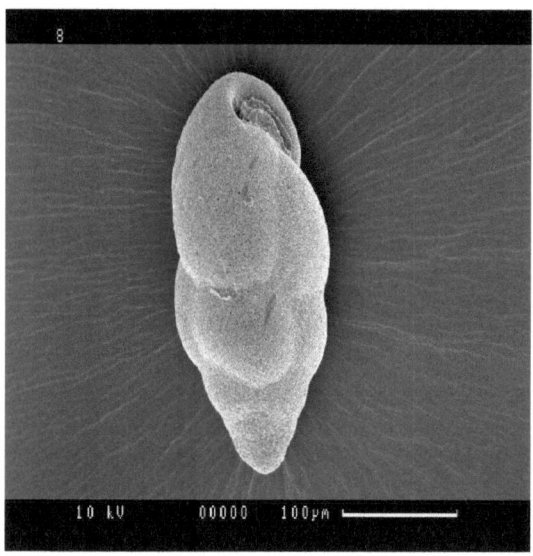

Abbildung 12: REM-Aufnahme einer *Gyroidina bulimoides* (Reuss,1851), Quelle: eigene Darstellung.

Überfamilie Discorbacea Ehrenberg, 1838

Familie Pegidiidae Heron-Allen & Earland, 1928

Gattung *Neoeponides* Reuss, 1960

Art *Neoeponides geinitzi* Clodius, 1922

Das Gehäuse ist trochospiral gewunden. Bei Sicht auf die Spiralseite sind viele sehr kleine Kammern sichtbar. Die Oberfläche der Spiralseite ist glatt, auffallend lichtdurchlässig und feinperforiert. Die Kammernäht sind kaum vertieft. Auf der Umbilikalseite sind 4 bis 5 Kammern sichtbar. Diese Seite ist deutlich grober geport. Die Apertur liegt an der Stirnfläche der letzten Kammer. Sie hat eine längliche, ovale Form und ist ungezahnt.

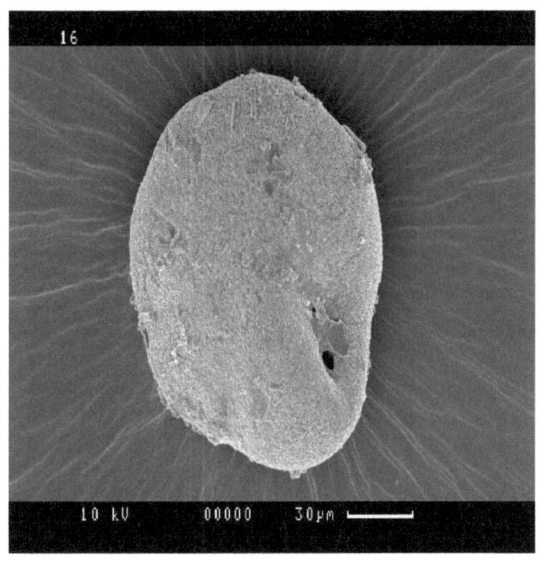

Abbildung 13: REM-Aufnahme einer *Neoeponides geinitzi* Clodius, 1922, Quelle: eigene Darstellung.

Überfamilie Stilostomellacea Finlay, 1947

Familie Stilostomellidae Finlay, 1947

Gattung *Stilostomella* Guppy, 1894

Art *Stilostomella longiscata* d´Orbigny 1846

Das Gehäuse ist lang, schmal und im Querschnitt rund. An den Kammernähten verjüngt sich das Gehäuse deutlich. Die Oberfläche ist dicht, zeigt keine Skulpturen und weist keine Poren auf.

Die Mündung konnte nicht bestimmt werden, da sie nicht erhalten ist. Die Einordnung kann nicht mit Sicherheit erfolgen, da nur ein Bruchstück nachgewiesen wurde.

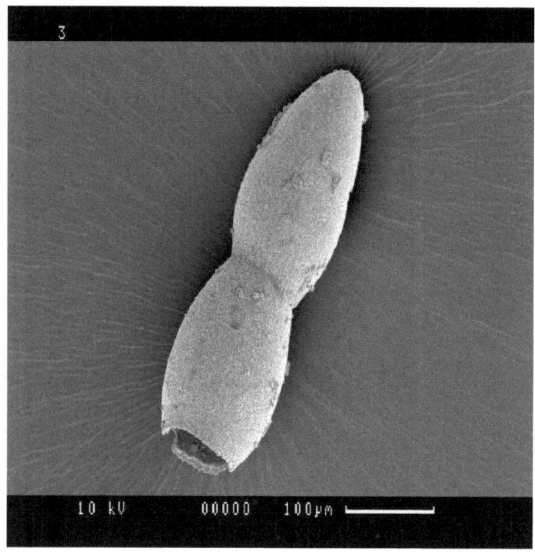

Abbildung 14: REM-Aufnahme einer *Stilostomella longiscata* d´Orbigny 1846. Quelle: eigene Darstellung.

Sonstige:

Allomorphina pacifica cf

Das Gehäuse besteht aus 3 sichtbaren Kammern. Die Kammernähte sind deutlich vertieft. Die Kammern sind aufgebläht bis kugelig. Das Gehäuse ist dicht, glatt und stabil. Skulpturen oder Poren sind nicht zu erkennen. Auch eine Apertur ist nicht sichtbar.

Der Aufbau erinnert entfernt an Allomorphina pacifica (Cushman & Todd, 1949), bei der die Apertur aber als Schlitz zwischen der letzten und vorletzten Kammer verläuft.

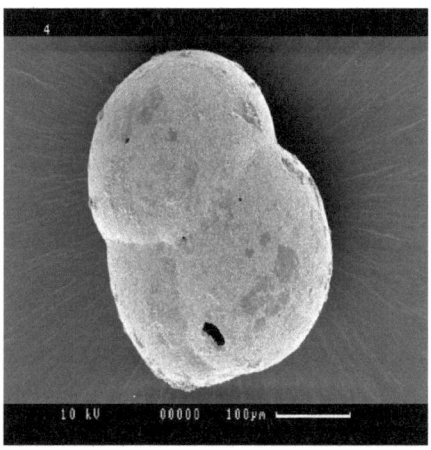

Abbildung 15: REM-Aufnahme einer Foraminifere, die nicht zugeordnet werden konnte (Allomorphina pacifica) cf., Quelle: eigene Darstellung.

Kalkalgen

Die Untersuchung von Kalkalgen ist nicht Bestandteil dieser Arbeit. Sie werden als kalkschaliges Nanoplankton nur der Vollständigkeit halber erwähnt.

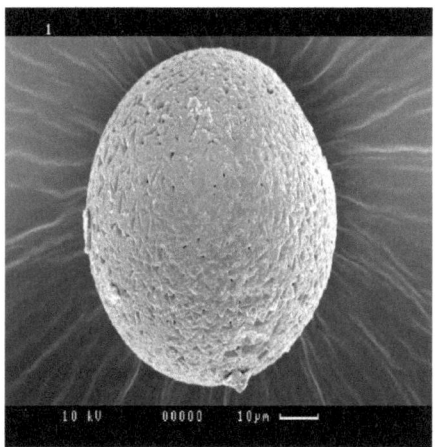

Abbildung 16: REM-Aufnahme einer Kalkalgenzyste, Quelle: eigene Darstellung.

23

Auszählung

Nur in den obersten vier Proben wurden Foraminiferen nachgewiesen. Es wurde versucht alle Individuen ihrer Gattung oder Art zuzuordnen. Die Individuen der Gattungen *Ammonia* Brünnich, 1872 und *Melonis* de Monfort, 1808 sind in der Sammelgruppe „Ammonia" zusammengefasst, da ihre Unterscheidung unter der Binokularen Lupe im Einzelnen nicht sicher möglich war. Es wurden je Probe 2 etwa gleichgroße Schüttungen untersucht, sodass die Individuenzahl je Probe eine Einschätzung der Foraminiferendichte erlaubt. Die starke Schwankung dieser Dichte ist vermutlich durch Lösungsprozesse nach der Ablagerung zu erklären. Rückschlüsse auf die ursprüngliche Foraminiferendichte und damit auf das Paläomilieu erlaubt sie daher nicht.

In den Diagrammen entsprechen Probennummer 1 Probe X19, Probennummer 2 Probe X20, Probennummer 3 X21, Probennummer 4 X22.

in Individuenzahl	X19	X20	X21	X22
Pullenia bulloides			1	2	3
"Ammonia" Sammelgruppe			124	175
Lagena			1	2
Nodosaria		2	6	6
Gyroidina Bulemoides		17	50	39
Allomorphina cf.			41	37
Globigerina			2	11
Neoeponides geinitzi			25	52
Bolivina	1	1	12	13
Globulina			1	4
Stilostomella longiskata		1		
Sonstige				9
Summe Foraminiferen:	1	22	264	351
Kalkalgenzysten			25	62
Summe:	1	22	289	413

in Prozent	X19 [%]	X20 [%]	X21 [%]	X22 [%]
Pullenia bulloides	0,0	4,5	0,7	0,7
"Ammonia" Sammelgruppe	0,0	0,0	42,9	42,4
Lagena	0,0	0,0	0,3	0,5
Nodosaria	0,0	9,1	2,1	1,5
Gyroidina Bulemoides	0,0	77,3	17,3	9,4
Allomorphina cf.	0,0	0,0	14,2	9,0
Globigerina	0,0	0,0	0,7	2,7
Neoeponides geinitzi	0,0	0,0	8,7	12,6
Bolivina	100,0	4,5	4,2	3,1
Globulina	0,0	0,0	0,3	1,0
Stilostomella longiskata	0,0	4,5	0,0	0,0
Sonstige	0,0	0,0	0,0	2,2
Kalkalgenzysten	0,0	0,0	8,7	15,0
Summe:	100	100	100	100

Nach Wandungstyp:	X19	X20	X21	X22
Kalkig-Perforiert	1	22	264	349
Agglutiniert	0	0	0	2
Porzellania	0	0	0	0

Nach Wandungstyp:	X19 [%]	X20 [%]	X21 [%]	X22 [%]
Kalkig-Perforiert	100	100	100	99,5
Agglutiniert	0	0	0	0,5
Porzellania	0	0	0	0

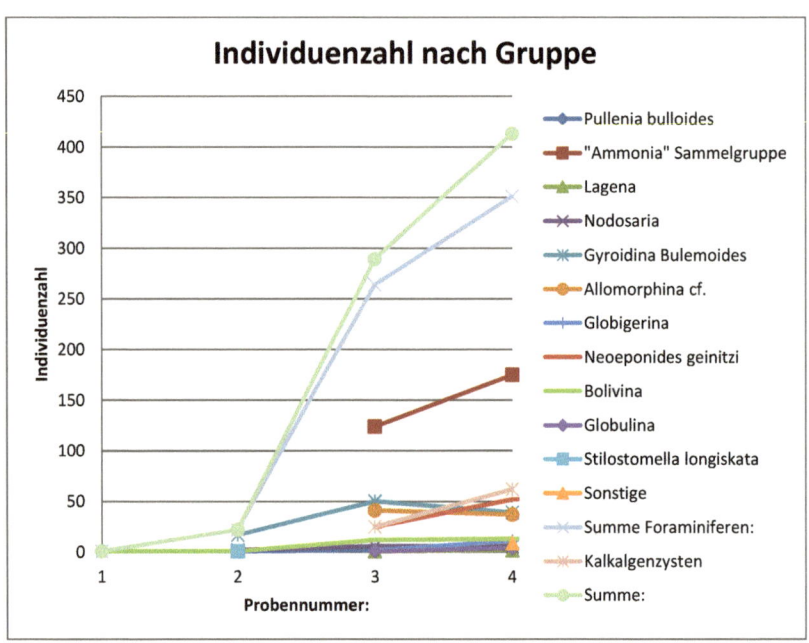

Abbildung 17: Das Diagramm Individuenzahl je Gruppe und Probe. Quelle: eigene Darstellung.

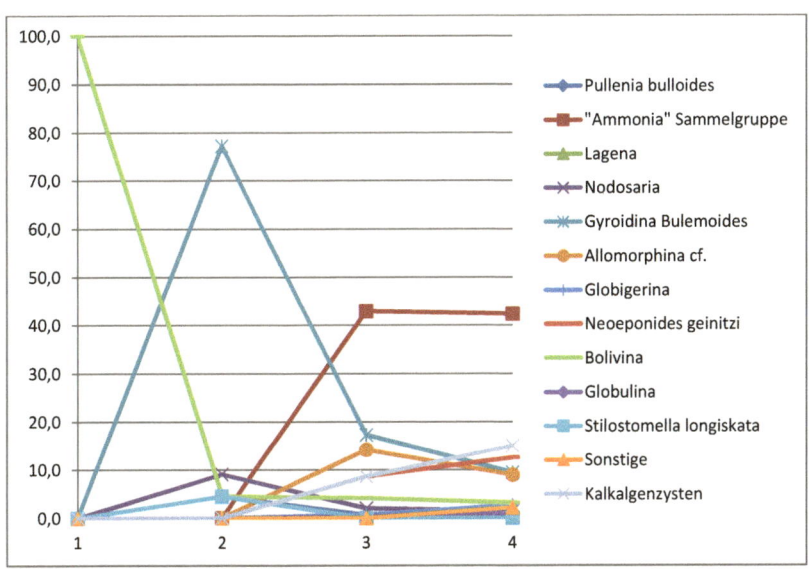

Abbildung 18: Das Diagramm zeigt den Prozentualen Anteil der jeweiligen Gruppe je Probe. Quelle: eigene Dastellung.

Paläoökologie

Foraminiferen leben vom tiefsten Tidenkanal bis in die Tiefsee. In jedem Milieu leben vor allem die Arten, die an den jeweiligen Lebensraum am besten angepasst sind. Es gibt bei Foraminiferen keine endemischen Formen. Weltweit sind bei gleichen Standortfaktoren die gleichen Populationen zu erwarten (BELOW, 2012). Anhand der Foraminiferenvergesellschaftung lassen sich Rückschlüsse auf die Standortfaktoren ziehen. Dabei schließt man von den bevorzugten Faktoren von rezenten, möglichst nah verwandten Foraminiferen, den sogenannten nearest living relativ (NLR) auf die bevorzugten Faktoren der jeweiligen fossilen Art. Je weiter man dabei in die Vergangenheit geht, desto ungenauer wird diese Methode.

Man unterscheidet bei den Standortfaktoren zwischen physikalisch-chemischen und biologischen. Physikalisch-chemische Faktoren sind zum Beispiel Wassertemperatur, Sauerstoffgehalt oder Salzgehalt. Biologische Faktoren sind etwa das Vorhandensein von Fressen und Fressfeinden.

Index of Oceanity:

Der „Index of Oceanity" ist definiert als das Verhältnis von Planktonforaminiferenindividuen zur Gesamtforaminiferenindividuen. Er erlaubt die Meerestiefe abzuschätzen. Nach BELLIER et al. (2010) benötigen Planktonforaminiferen stabile physikalisch-chemische Bedingungen und vertragen den Einfluss von kontinentalem Wasser wie zum Beispiel verringerte Salinität besonders schlecht. Daher leben sie eher küstenfern, wo der Einfluss von kontinentalem und meteorischem Wasser sehr gering ist. Benthosforaminiferen kommen im tiefsten Tidenkanal bis in die Tiefsee vor. Sie sind jedoch im Flachwasser sehr viel häufiger. Daher entspricht ein niedriger Index of Oceanity einem küstennahen Flachwasserenvironment und ein hoher Index of Oceanity vollmarinem Milieu, zum Beispiel dem Kontinentalhang. Am Außenschelf stehen die beiden Gruppen etwa im gleichen Verhältnis zueinander (BELOW, 2012).

In den vier bearbeiteten Proben liegt der Index of Oceanity jeweils zwischen 0 und 0,03. Dieser Wert ist sehr niedrig und entspricht einer Wassertiefe von unter 25m.

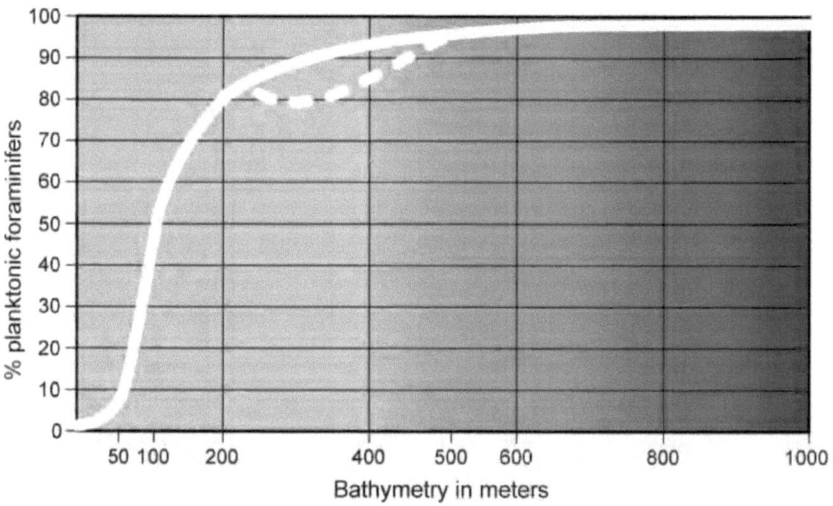

Abbildung 19: Wassertiefe gegen prozentuallen Anteil der Plantonforaminiferen an den Gesamtforaminiferen. Nach GIBSON, 1989, Quell: BELLIER et al. 2010.

Paläoökologie nach Wandungstyp

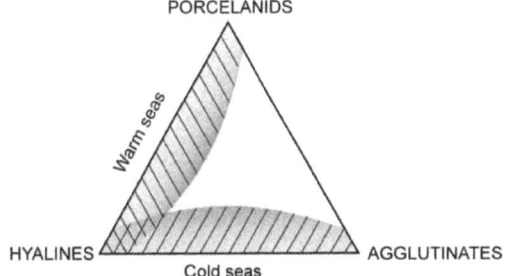

Abbildung 20: Verteilung der drei
wichtigsten Wandungstypen,
Quelle: BELLIER et al. 2010.

Der Anteil von agglutinierten, hyalinen Gehäusen und Porzellania erlaubt Rückschlüsse auf die Wassertemperatur und Insolation (ETTER, 1994; nach MURRAY, 1991). Porzellania filtern durch den Aufbau ihrer Schale viel Licht heraus. Sie schützen sich dadurch vor zu hoher Insolation. Sie sind daher an hohe Insolation angepasst und kommen am häufigsten in warmem Wasser und carbonat plattforms vor. Hyaline Foraminiferen sind in Regionen häufig, mit intermediären Temperaturen und normaler Salinität. Agglutinierende Foraminiferen dominieren normalmarine bis brackische, kalte bis temperierte Regionen.

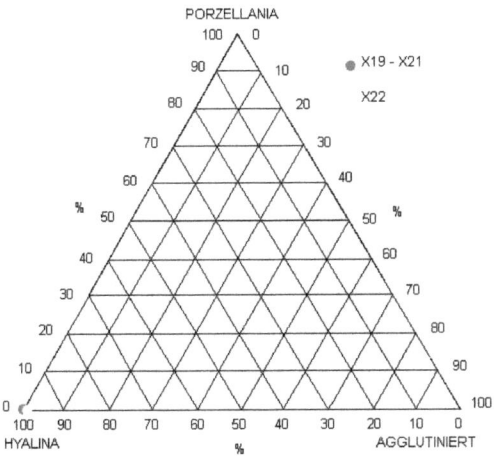

Abbildung 21: Verhältnis der Individuenzahl der drei wichtigsten Wandungstypen, Quelle: eigene Darstellung.

29

Die vier Proben zeigen alle eine deutliche Dominanz der Hyalina. Sie machen zwischen 99,5 und 100% der Individuen aus. Den Proben kann also eindeutig einem Gewässer mit intermediären Temperaturen zugeordnet werden.

Nach ETTER (1994) ist auch eine feinere Milieucharakterisierung möglich. Die ermittelte Verteilung ist in den meisten Schelfmeeren, in brackischen und hypersalinen Lagunen und in Ästuaren üblich (ETTER, 1994, nach Brasier, 1980). Eine hypersaline Lagune kann für diese Proben allerdings ausgeschlossen werden, da diese nur in warmen, ariden Regionen auftreten.

Fazit

Die Faunenvergesellschaftung entspricht den Kriterien des flachen Innenschelfs sehr genau. Sie zeichnet sich durch kleine Foraminiferen aus. Die Individuen aus der Probe sind zum Großteil eher klein. Es dominieren Hyalina. Nur wenige Arten zeigen Ornamentur. Dies ist typisch für den Innenschelf. Die Diversität wurde nicht genau ermittelt, denn es wurde zum Teil nur auf Gattungsniveau bestimmt. Geschätzt ist die Diversität, dem Innenschelf entsprechend aber eher gering (BELOW, 2012).

Zusammenfassend wird für die beprobte Schicht folgendes Ablagerungsmilieu vermutet:

- Flacher Innenschelf eines Epikontinentalmeers
- Wassertiefe: unter 25m
- gemäßigtes Klima

Das ermittelte Klima weicht deutlich von dem ab, was BURGHARDT (1978 nach GRABERT, 1998) für den Rupel bestimmt hat. Im Rupel erreichte die Wassertemperatur der Nordsee ihr tertiäres Minimum mit etwa 5° C. Allerdings weicht auch die im Rahmen dieser Arbeit ermittelte Vergesellschaftung deutlich von der von BÖTEFÜR (2008) beschriebenen ab. Von den für das gesamte Rupel typischen Arten konnten nur wenige in den Proben nachgewiesen werden.

Literaturverzeichnis

Below, Raimond: Vorlesung „Einführung in die Mikropaläontologie

Bötefür, Hans Joachim: Die benthischen Foraminiferen aus dem Oligozän von Malliss (Wanzeberg, Norddeutschland), in Palaeontos 16, Palaeo Publishing and Library vzw, 2008,

Etter, Walter: Palökologie: Eine methodische Einführung, Birkhäuser Verlag, Basel 1994,

Göke, Gerhard: Einführung in das Studium der Foraminiferen, Naturwissenschaftliche Vereinigung Hagen e.V., Hagen 1994. Abgerufen auf: http://mikrohamburg.de/Goodies.html abgerufen am: 07.09.2012

Grabert, Hellmut: Abriß der Geologie von Nordrhein-Westfalen, Schweizerbart´sche Verlagsbuchhandlung, Stuttgart 1998.

Gupta, Barun K. Sen (Ed.): Modern Foraminifera, Springer 2009.

Hiß, M: Gliederung des Teriärs am Niederrhein, Geologischer Dienst NRW 2007.

Jean-Pierre Bellier; Robert Mathieu; Bruno Granier: Short Treatise on Foraminiferology (Essential on Modern and fossil Foraminiferida), Carnets de Géologie, 2010, abgerufen auf: http://paleopolis.rediris.es/cg/CG2010_BOOK_02/index.html abgerufen am: 12.09.2012

Moore, Raymond Cecil; Teichert, Curt: Treatise on invertebrate paleontology, Geological Society of America, Incorporate, 1978.

Spiegler, Dorothee: Biostratigraphie des Rupels auf Grund von Foraminiferen im nördlichen Deutschland, aus: Geologisches Jahrbuch Jg. 82. (1965), Hamburg 1966.

Phylogenetische Einordnung übernommen aus:

Zicha, Ondřej: Taxon profile, in BioLib.cz unter: http://www.biolib.cz/en/taxon/id94421/ abgerufen am: 27.12.2012